VOLUMEN 75

INCORPORACIÓN DEL ESPÍRITU AL CUERPO FÍSICO

LA PROBABILIDAD NO ES EL VALOR CUÁNTICO DE LA ENERGÍA

Primera Edición

Carlos L Partidas

ISBN: 979 8352 0449 40
REGISTRO DE LA PROPIEDAD INTELECTUAL SAPI: N° 8074
DEL COMPENDIO LA QUÍMICA DE LAS ENFERMEDADES
REPÚBLICA BOLIVARIANA DE VENEZUELA, 07/05/2010

DEDICATORIA

PARA MILEVA MARIĆ RUZIĆ; LA FÍSICA Y MATEMÁTICA SERBIA, QUIEN PROBABLEMENTE FUE LA AUTORA DE LA TEORÍA DE LA RELATIVIDAD. A MILEVA MARIĆ SE LE DEBERÍA CONCEDER EL MÉRITO POR HABER DEDUCIDO LA ECUACIÓN ENERGÉTICA $E=mC^2$. ESTA ES LA ECUACIÓN QUE ESTABLECE CÓMO ES LA CONVERSIÓN DE LA ENERGÍA EN MASA; LO CUAL, REVOLUCIONÓ EL PENSAMIENTO DEL SER HUMANO. SOLAMENTE QUE LA MASA SE REFIERE A LAS PARTÍCULAS QUE NO TIENEN MATERIA

CONTENIDO

RECONOCIMIENTOS

AL QUÍMICO ALEMÁN HERMANN EMIL FISCHER. CON SU APORTE, PODEMOS ENTENDER CÓMO ES LA QUÍMICA DE LA VIDA

AL QUÍMICO NEERLANDÉS JACOBUS HENRICUS VAN 'T HOFF. A HENRICUS VAN 'T HOFF LE DEBEMOS LA EXPLICACIÓN DEL FENÓMENO DE LA QUIRALIDAD; LO CUAL, ES BÁSICO PARA COMPRENDER LA FORMA TRIDIMENSIONAL DE LA MASA MAGNÉTICA Y DE LA MATERIA ELECTRÓNICA

1

PROBABILIDAD DE ROTACIÓN

La materia electrónica de un cuerpo físico es diferente a la masa magnética de una estampa física. La materia electrónica de un cuerpo físico se formó por la integración de la energía electrónica; mientras que, la masa magnética de una estampa física es el resultado de la integración de la energía magnética. La materia electrónica forma un cuerpo físico sólido, mientras que, la masa magnética no contiene absolutamente nada de materia electrónica; por lo cual, la masa magnética forma una figura holográfica tridimensional que se parece a la materia electrónica; pero, esta masa magnética es una energía que no contiene nada de materia electrónica.

Por ejemplo, los espíritus están formados por masa magnética sin ninguna clase de materia electrónica. El peso de la materia electrónica depende del punto del espacio en el que esté ubicada la materia electrónica; por lo cual, desde una perspectiva gravitacional, cada punto del espacio es diferente; y, en cada punto del espacio, nos tendremos que referir al peso de la materia electrónica pero no a la masa magnética; ya que, la masa magnética no es afectada por la gravedad del espacio físico. El peso se refiere a la acumulación de materias electrónicas; mientras que, la atracción de los cuerpos electrónicos no influye sobre la masa magnética de un espíritu.

Las dos definiciones se pueden distinguir de forma evidente; o digamos que, la materia electrónica es física; por lo cual, podemos ver la materia electrónica desde el mundo físico. Mientras que, la masa magnética de un espíritu no todos la podemos ver en el mundo físico; ya que, la masa magnética es un estado de energía consolidado; el cual, solamente lo podrán ver las personas que tengan un rango visual amplificado; o que este rango visual, sea parecido al rango visual de un bebé; o de un niño hasta los 5 años.

Otro aspecto de la materia electrónica es que, la materia electrónica no está consciente de la existencia de sí misma; por lo cual, la materia electrónica tampoco está consciente de la existencia del Universo. Mientras que, la masa magnética tiene la noción de su existencia y de la existencia del Universo. La masa magnética, es la energía que caracteriza y mueve la materia electrónica de un cuerpo físico; o, es la energía que define la dualidad y la cualidad de la existencia de un ser vivo.

En la Figura 1 se puede ver que, al principio, la materia electrónica se formó a partir de la integración espontánea de las dos energías electrónicas que giraban en el mismo sentido. La integración de estas dos energías positivas se puede explicar mediante la probabilidad del sentido de giro. La energía se produce por el movimiento; por lo cual, el movimiento de la energía lo podemos explicar mediante la probabilidad de rotación. Así que, el giro de la energía, lo podremos explicar mediante los fermiones y bosones. Por ejemplo, el movimiento de la energía lo podremos explicar mediante los fermiones; ya que, no sabemos cuál es el valor de la energía; por lo cual, los niveles son probabilidades, pero no son niveles cuánticos.

Los fermiones que estén girando en el mismo sentido, se pueden integrar sin que esta integración afecte el valor de la energía en ese nivel. Por ejemplo, se pueden integrar de manera espontánea los 2 fermiones que estén girando de izquierda a derecha; es decir; +1/2 y +1/2. Y, se integrarán de forma espontánea, los 2 fermiones que estén girando en el sentido de derecha a izquierda; es decir, los fermiones -1/2 y -1/2. La unión de estos dos fermiones positivos y negativos, la podremos explicar mediante la integración de un bosón BE.

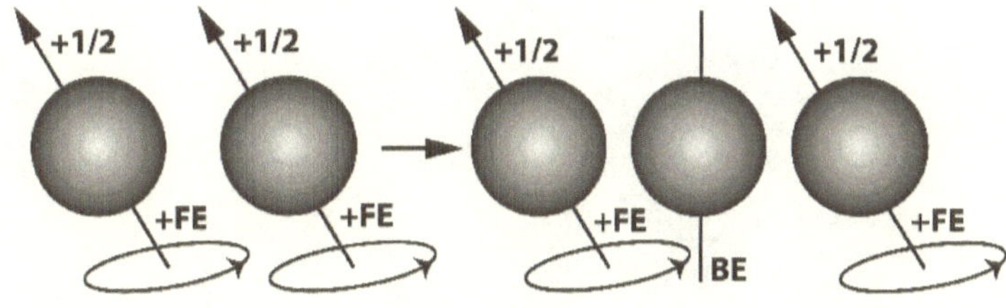

FIGURA 1

CREACIÓN DE LA ENERGÍA ELECTRÓNICA Y MAGNÉTICA FB POR EL MOVIMIENTO DE UN ALMATRINO

En la Figura 1 mostramos los 2 fermiones que apuntan hacia arriba. Podemos ver en esta Figura 1, que la probabilidad de giro de un fermión crea dos clases de energía por el movimiento: la energía electrónica que apunta con una dirección de flujo de energía hacia arriba; y el movimiento de esta energía electrónica, crea una energía magnética que gira de forma perpendicular al flujo de la energía electrónica.

La probabilidad el siguiente fermión que se forme en ese nivel, necesariamente tiene que apuntar su flujo de energía hacia abajo; para que los dos fermiones puedan contener la misma cantidad de energía, en el mismo nivel energético. Esta cantidad de energía sumada nos dará un valor energético que no cambiará el valor de la energía en ese nivel de las probabilidades.

En este caso, la Figura 2 representa el primer nivel energético a partir del cual se comenzó a formar el Universo. El fermión 1 de la Figura 2, es la probabilidad de giro de la primera partícula que conectó la nada con lo que ahora es el Universo; por lo cual, esta tiene que haber sido la partícula más pequeña que pueda concebir la mente de un ser humano que tenga una capacidad analítica racional.

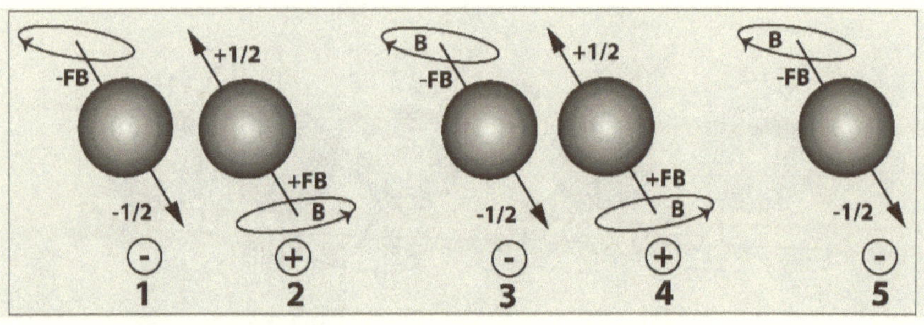

FIGURA 2

FORMACIÓN DEL PRIMER NIVEL ENERGÉTICO DEL UNIVERSO

El valor de la cantidad de energía del primer nivel no lo sabremos; ya que, solamente podremos analizar las probabilidades de la interconexión entre las partículas elementales.

La probabilidad de giro del fermión 5 de la Figura 2, es la que conecta el nivel 1 con el nivel 2. El Fermión 11 de la Figura 3, es el que integra el fermión 12 con el tercer nivel energético.

Será de esta manera secuencial, en una sucesión de niveles energéticos que podremos representar mediante las probabilidades de interconexión; y cuya secuencia se va hacia un valor infinito de niveles de energía.

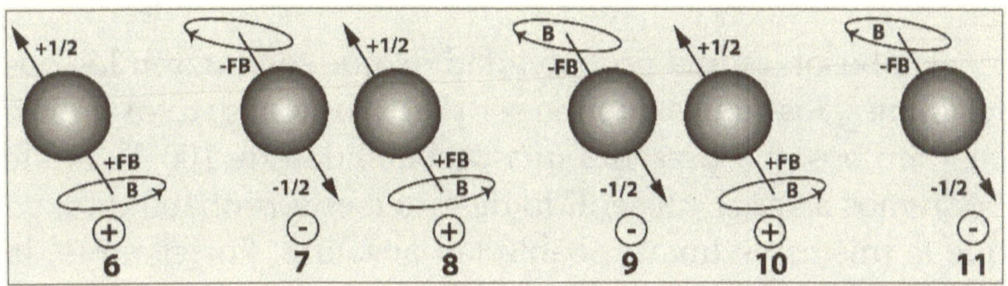

FIGURA 3

EL NIVEL ENERGÉTICO 2, TIENE UNA PROBABILIDAD DE INTEGRACIÓN, QUE LA PODEMOS REPRESENTAR POR UNA SUCESIÓN DE ACONTECIMIENTOS DE NIVELES ENERGÉTICOS

Para que se forme una segunda partícula, este será un fermión con una probabilidad de giro que nos indica, que el flujo de su energía electrónica estará apuntando hacia arriba; es decir, en sentido contrario de la partícula 1. La partícula 3 estará con la energía apuntando hacia abajo igual que la partícula 1. Por lo cual, en cada nivel energético tendremos 4 partículas. El movimiento de estas 4 partículas, lo podremos representar por 4 fermiones. Los 2 fermiones 1 y 3 apuntan su energía hacia abajo; es decir que, los fermiones 1 y 3 son fermiones negativos; los cuales, se integran de manera espontánea y forman una unión que representa la materia electrónica negativa.

Esta forma de las probabilidades del movimiento, nos indica que, la primera partícula que formó al Universo giraba de derecha a izquierda; es decir, que la primera partícula que formó al Universo era una partícula positiva, cuyo flujo de su energía electrónica era hacia arriba.

Los fermiones 2 y 4 apuntan su energía hacia arriba; es decir, que a este valor de la energía lo podremos definir como positiva. La probabilidad nos indica, que estos 2 fermiones positivos se integrarán de manera espontánea. Y así se formó la materia electrónica positiva.

Un bosón es una probabilidad de que se integren los dos fermiones, los cuales pueden ser positivos o negativos. Por lo cual, un bosón representa una probabilidad de 100 %. No le podremos asignar un sentido de giro a esta probabilidad; ya que la misma es una probabilidad absoluta. Por ejemplo, la suma de las probabilidades de giro de un bosón son dos fermiones de 50 + 50 %; por lo cual, esta suma no varía el valor absoluto de la probabilidad en ese nivel energético, la cual es una probabilidad que seguirá siendo 100 %.

Es decir, que, de manera física, un bosón se coloca entre dos fermiones, cuya energía fluye en el mismo sentido para integrarlos. Los fermiones pueden ser positivos y negativos, pero el signo positivo y negativo de un fermión no es un signo matemático. El signo, solamente se utiliza para indicar el sentido de giro de una probabilidad de integración. De tal manera, que no existe un bosón que tenga una energía cero; ya que esa definición no tiene un sentido físico. Es una probabilidad del movimiento.

A esta partícula inicial mínima que generó la energía por el movimiento, y a partir de la cual se formó el Universo, la hemos tenido que definir como un almatrino. Un almatrino es solamente energía; de tal manera que la energía de un almatrino no tiene carga electrónica ni materia electrónica; y tampoco tiene masa magnética. Es decir, que, un almatrino solamente es energía; y esta energía inicial, no la podremos definir como energía magnética ni como energía electrónica. Un almatrino, es solamente la energía inicial que comenzó a moverse en ese primer instante. Es a partir del movimiento inicial de un almatrino, que se generó toda la materia electrónica y la masa magnética que hasta este momento existe en el Universo.

La existencia de estas dos clases de energía las podemos explicar mediante la ecuación energética $Ev=m_0C^3$, la cual fue deducida a partir de la ecuación $E=mC^2$. Digamos que, $E=mC^2$ es la ecuación energética de Mileva Marić, hasta que la historia logre aclarar la situación del mérito. Sin embargo, todo indica que, la autoría de esta ecuación energética de la conversión de la materia electrónica a partir de la integración de la energía electrónica se debe a la matemática y física serbia Mileva Marić. Solamente que, para hacer esta deducción, no se tomó en cuenta, que la masa magnética es diferente a la materia electrónica.

La materia electrónica que hasta este momento existe en el Universo, se formó por la integración de la energía electrónica. La energía electrónica del Universo se seguirá formando por el movimiento perenne del Universo. El movimiento del Universo es y será perpetuo, porque el Universo siempre estará en movimiento; ya que, el Universo se está expandiendo contra la nada.

El la nada nada existe; por lo cual, en la nada no existen fuerzas que se opongan al crecimiento del Universo. Por lo que, el movimiento del Universo será de manera progresiva y continua hacia la nada. Mientras haya más movimiento se creará más energía; por lo cual, el crecimiento del Universo será eternamente hacia la nada. La nada tiene el mismo tamaño que el Universo, y a medida que crece el Universo, la frontera que separa la nada con el Universo se va alejando hacia la nada.

La energía se crea por el movimiento; por lo cual, no será posible poder detener el movimiento expansivo del Universo.

Existen dos maneras para que el Universo vaya alcanzando su estado de equilibrio térmico. Una de ellas, es que el

Universo por sí solo va creando el espacio; por lo cual, a medida que se incrementa el espacio que va creando el mismo Universo, el Universo va disipando su energía térmica. El otro factor que logra el equilibrio térmico del Universo es que el Universo aumente su entropía; por lo cual, el Universo se está expandiendo de forma caótica hacia la nada; ya que, en la nada no hay nada que pueda establecer un orden.

De tal manera que el movimiento del Universo crea su propia energía; y esta, es la energía que lo impulsa por sí mismo hacia la nada; por lo cual, el movimiento del Universo será de forma perenne hacia la nada.

No existe una energía que no tenga movimiento, y por ser energía, la energía siempre estará en movimiento. No vaya a venir alguien a decir, que fue un ser llamado Dios el que hizo que se moviera el almatrino para crear la energía a partir del movimiento de un almatrino; el cual, no tiene carga ni masa. Un almatrino, es la partícula inicial más pequeña que pueda caber en nuestra imaginación; la cual, se comenzó a mover por sí sola.

En la nada nada existe, por lo cual, Dios no puede haber estado en la nada para crear el Universo. Es decir, que Dios no existe. Dios, es solamente un concepto filosófico que ha llenado un vacío explicativo en la mente de la mayoría de los seres humanos. Esta teoría de Dios hizo que se derivaran un gran número de mitologías; y de las mitologías, surgieron las religiones; y desde las religiones, se formaron las distintas corrientes filosóficas de cómo es que cada uno percibe a Dios; ya que, cada una de estas creencias mitológicas, nos dará un concepto diferente de Dios.

Como se puede ver en la Figura 1, el movimiento de la energía electrónica 2 y 4 que apunta hacia arriba, generan una energía magnética +FB que gira en el sentido de izquierda a derecha. El flujo de la energía se puede demostrar mediante la regla de la mano derecha que se muestra en la Figura 4.

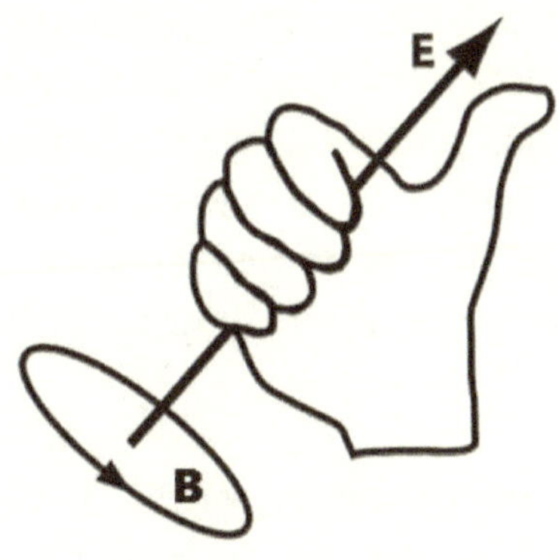

FIGURA 4

MOVIMIENTO DE LA ENERGÍA SEGÚN LA REGLA NEMOTÉCNICA DE LA MANO DERECHA

Esta integración de las energías magnéticas 2 y 4 FB de la Figura 1 es igualmente espontánea y positiva; ya que, la energía electrónica está girando en un mismo sentido.

Sería como ver a dos tornados terrestres que estén girando en el mismo sentido: los dos tornados se integrarían de manera espontánea y se formará un nuevo tornado que gira en el mismo sentido. La energía de este nuevo tornado será la suma de los dos tornados que se unieron. El valor de la energía total de integración no cambia, solamente se suman las dos energías; lo cual, nos dará la energía del nuevo tornado que se formó. Pero, si los dos tornados están girando en sentido diferente, estos dos tornados se repelerían, y se irían hacia el espacio por caminos distintos de una forma desorganizada.

Pero, de una forma lógica y organizada, se formaron una cantidad infinita de niveles energéticos; cuyo movimiento, lo podemos describir mediante los bosones y fermiones.

Estos niveles energéticos son en realidad probabilidades; las cuales, podremos describir mediante los bosones y fermiones; ya que, como dijimos, no sabremos cuál es el valor de esta energía inicial para poderla llamar niveles cuánticos de energía; ya que, la energía no puede tener valores fijos; es decir, que la energía no puede tener valores cuánticos. En realidad, los valores que define la energía cuántica son probabilidades.

Así que, en ese primer nivel de la energía, tendremos la probabilidad de integración para dos energías electrónicas que giren en el mismo sentido. Por ejemplo, para la energía electrónica positiva la probabilidad es: $[(+1/2) + (+1/2)]$. La energía electrónica positiva o que apunta hacia arriba, se integra de manera espontánea y se forma la materia electrónica positiva de los núcleos electrónicos.

Mientras que, la energía electrónica negativa o que apunta hacia abajo, forma la materia electrónica negativa de los electrones; es decir: $[(-1/2) + (-1/2)]$. Esta, es una forma de energía electrónica negativa. Como se mencionó, los términos positivo y negativo no tienen un sentido matemático, solamente indican un sentido de giro; y, en el sentido físico, esto se refiere al flujo de las cargas electrónicas, con la finalidad de diferenciar las energías que giran en sentido opuesto.

Estas formas de energía ya están integradas. Las dos energías electrónicas positivas integradas, forman la materia electrónica positiva de los núcleos electrónicos. Mientras que, la energía negativa cuando se integra forma la materia electrónica negativa de los electrones.

Estas dos clases de energía positiva y negativa se pueden seguir integrando; y, para que suceda esta integración, la misma tiene que ser de manera espacial. Así que, se integrarán de manera espacial los electrones con los núcleos para formar los átomos electrónicos. Los átomos electrónicos forman las moléculas electrónicas; y, las moléculas electrónicas, forman toda la materia electrónica orgánica e inorgánica que hasta ahora existe en el Universo. Los bosones que intervienen para que se forme la materia electrónica son los gluones.

La materia electrónica, ya sea orgánica o inorgánica no está consciente de su existencia; ya que, la materia orgánica o inorgánica por sí solas no forman vida. Es decir que, la materia electrónica no se puede combinar de forma espontánea con la masa magnética. Para que suceda la integración de la masa magnética con la materia electrónica de manera espacial, la materia electrónica tiene que ser evolutiva. La única materia electrónica evolutiva es un diploide, el cual se genera mediante un proceso de gestación de dos haploides por medio de la unión sexual.

Esta energía que gira en el mismo sentido hacia arriba produce una energía magnética que gira de izquierda a derecha. La energía magnética positiva al integrarse forma la masa magnética inteligente de un espíritu positivo; es decir que, esta es la masa magnética que está consciente de su existencia. Es la masa magnética positiva que dirige la materia electrónica positiva de un ser masculino; y es el que porta los haploides que lleva en las gónadas.

El ser masculino o el que se origina por la integración de la energía magnética positiva, puede ser el espíritu de un hombre, un tigre, un gato, un gallo, un insecto masculino, un ballenato, un árbol o un toro. Será cualquier ser que esté formado por la masa magnética positiva que mueva a la materia electrónica positiva de un ser vivo masculino.

De la misma manera que se integra la energía magnética

positiva o que gira de izquierda a derecha, se forma la masa magnética negativa de la energía que rota de derecha a izquierda. La integración de esta energía magnética negativa forma la masa magnética de un espíritu femenino; y para la integración con el ser masculino, lleva el haploide femenino en forma de óvulo en la matriz. El ser femenino o negativo; puede ser, el espíritu de una mujer, una tigresa, una gata, una gallina, un insecto femenino, una ballena, una mata o una vaca. Será cualquier ser que esté formado por la masa magnética negativa que mueva a la materia electrónica negativa, para formar un ser vivo con sus caracteres femeninos.

La masa magnética de los espíritus y la materia electrónica de los cuerpos físicos son quirales; lo cual, nos explica por qué tenemos dos ojos, dos manos, dos brazos; o un cerebro con dos hemisferios. Todos los cuerpos que existen en el Universo tienen un lado izquierdo y un lado derecho. Es decir, que todos los seres vivos somos tridimensionales. La explicación de la quiralidad se la debemos al Dr. Jacobus Henricus van 't Hoff.

Estas dos energías magnéticas ya están integradas en forma de masa magnética; de tal manera que, la masa magnética del espíritu se formó por la integración espontánea de dos energías magnéticas; por lo cual, se generó la masa magnética de un ser femenino y un ser masculino. Mientras que, la materia electrónica del cuerpo físico se formó a partir de la integración espontánea de las dos energías electrónicas.

Estas dos clases de energía electrónica en forma de materia electrónica y masa magnética se pueden seguir integrando de manera espacial; pero, sin fusionarse. Es decir, que no se logrará formar por esta integración una sola identidad. En lugar de una integración se podría decir que es una asociación. Como mencionamos, esta no es una integración; ya que, estas dos clases de materia electrónica y masa magnética, solamente se pueden asociar de forma física en el mundo físico mediante un diploide. Un diploide, se formó a partir de dos haploides; un haploide estaba en las gónadas de un ser macho, mientras que, el otro haploide estaba formado por una cáscara de un óvulo en la hembra. Mientras que, un árbol, puede contener en sí mismo las flores hembra y macho; y para dar los frutos en la cual van las semillas de los hijos, el árbol necesita de las abejas para la fertilización de las flores.

De tal manera, que la masa magnética del espíritu no está integrada de una forma definitiva con la materia electrónica del cuerpo. Por lo cual, las dos entidades se pueden separar, cuando la materia del cuerpo físico culmine su ciclo evolutivo que le da la forma a la vida física. Este proceso de culminación de la evolución física del cuerpo electrónico es lo que llamamos envejecimiento.

La muerte no existe, porque no se puede aniquilar la materia electrónica del cuerpo ni la masa magnética del espíritu. Solamente, lo que hay es un proceso de disociación entre la materia electrónica del cuerpo físico que está asociada con la masa magnética del espíritu. Luego del proceso de la separación, la materia electrónica se quedará formando parte del cuerpo físico de la Tierra. Mientras que, la masa electrónica del espíritu sin el cuerpo de la materia electrónica podrá regresar a su mundo espiritual. Pero, solamente podrá llevarse las experiencias de la vida en su memoria magnética, porque la estampa que forma la masa magnética del espíritu no contiene materia electrónica. De tal manera que, la masa magnética del espíritu no se podrá llevar nada físico o material desde el mundo físico para el mundo espiritual.

La evolución de la masa magnética del espíritu se logra mediante el conocimiento; y este conocimiento, es lo que logra despertar el estado de conciencia del ser espiritual. La consciencia, es el conocimiento de la existencia; es decir, del derecho que tienen todos los seres a existir en el Universo. La consciencia estará dormida en la memoria magnética del ser espiritual. Al despertarse la consciencia en el ser espiritual, se creará un éxtasis; lo cual, elevará al ser espiritual hacia una escala superior de sus logros. Mediante el conocimiento adquirido, le creará al espíritu un sentimiento hacia los demás seres vivos, que también tienen derecho a existir en este mundo físico de la Tierra.

De tal manera, que la vida física en la Tierra representa una estación en la infinita escala de niveles energéticos.

Los haploides no tienen memoria; así que, los diploides no están conscientes de su existencia. Los diploides están formados por materia electrónica evolutiva; cuya evolución, termina cuando finaliza el proceso de la evolución de la materia electrónica; lo cual, como dijimos, está representado por el envejecimiento. Por lo tanto, la materia orgánica del cuerpo solamente evoluciona por ajustes de carácter electrónico sin ningún conocimiento del proceso. El ser espiritual se incorpora al ser vivo cuando el diploide este llegando a la etapa evolutiva y definida de un bebé.

A partir de ese momento, el espíritu tomará el control para direccionar su cuerpo físico exclusivo. Sin embargo, o dependiendo del conocimiento que haya logrado el espíritu, el espíritu que se incorpore al cuerpo físico de un bebé, puede ser que esté consciente o no estar consciente de su existencia. Esto explica, por qué cada día nacen niños con una gran genialidad. Pero, esta genialidad la pueden borrar las costumbres aprendidas de la mayoría de los seres humanos, lo cual depende del conocimiento que hayan adquirido los padres del bebé.

2

LA CIENCIA EXPERIMENTAL

El desconocimiento del propósito de la existencia es solamente una cualidad de lo que debe aprender el espíritu que habita en el cuerpo de un ser vivo. La cualidad del desconocimiento ha sido para todos; es decir, para los científicos y los que no son científicos. Pero, debemos tomar en cuenta que son los científicos los pensadores que le dan un aporte mayor a la búsqueda del conocimiento. El conocimiento, se debe compartir con todos los seres de la sociedad que tengan el deseo de aprender; ya que, el verdadero conocimiento del ser espiritual que vive de manera temporal en un cuerpo físico, no lo puede ocultar y preservarlo para un uso propio. No tendría sentido, porque es necesario compartir el conocimiento, para poder promoverse hacia una escala más amplia de la evolución espiritual. El egoísmo es contrario al conocimiento; ya que, el egoísmo retrasa el progreso evolutivo del espíritu.

Podemos demostrar que, a lo largo de la historia, el ser humano que quiera progresar con su pensamiento y la razón del pensamiento ha pasado por una serie de contradicciones; las cuales, solamente podrán ser aclaradas mediante la ciencia experimental. Al comienzo de la historia del ser humano, los aportes que nos daban las bases para lograr el conocimiento eran sólo de naturaleza filosófica. Pero, el pensamiento filosófico era importante; ya que, el filósofo no disponía de un instrumento científico para comprobar lo que pensaba con su capacidad de razonamiento.

Entre estos primeros pensadores de orden filosófico, estaría el filósofo griego Claudio Ptolomeo; pero, Ptolomeo no disponía de un instrumento científico para demostrar su filosofía; por lo cual, el pensamiento geocéntrico de Claudio Ptolomeo se logró implantare en la mente del ser humano que no hacía un análisis razonado de una forma lógica, sino que su forma de pensamiento se basaba en la idea de una mitología.

Un tiempo de 1.500 años de filosofía, es suficiente para desarrollar una doctrina religiosa; la cual, ha perdurado hasta nuestros días; ya que, muchos creen que Dios creo a Eva a partir de una costilla de Adán; o que Dios dijo: ¡hágase la luz! y de una manera mágica apareció la luz. Esto, aunque es ilógico, resultaba convincente para los que no piensan de una manera razonable.

Lamentablemente, la mayoría que piensa de una manera que no es razonable, es la mayoría de los seres humanos, y la minoría, es la que no está convencida de una idea solamente filosófica.

Es parte del concepto filosófico pero razonado del gran rebaño del filósofo alemán Friedrich Wilhelm Nietzsche. Todavía hasta este siglo del progreso tecnológico, este rebaño, sigue formando parte de la mayoría de los seres humanos.

Es lo que tenemos que derrotar mediante la ciencia del conocimiento; ya que, será el conocimiento del origen del Universo, lo único que logrará despertar el estado aletargado de la consciencia de la mayoría de los seres humanos.

Friedrich Wilhelm Nietzsche representa un cambio razonable entre la filosofía y la ciencia experimental; ya que, Friedrich Nietzsche, aplica la filosofía a la sociedad. A la mayoría de los seres humanos los mueve el hábito y la costumbre de lo que la mayoría hace; pero, no podemos fundamentar nuestros conocimientos delegándole la lógica solamente a una teoría. Ya sea esta una teoría científica, o que la misma haya surgido de un análisis filosófico; porque lo que surge primero para dilucidar un dilema es el pensamiento, y eso sucede antes de plantearse una teoría.

Dios tuvo que haber pensado antes como sería el Universo antes de crear el Universo. Así que, Dios todavía es una teoría filosófica; pero, es la teoría que más ha perdurado en la mente de la mayoría de los seres humanos; ya que, todavía no se ha podido demostrar la existencia de Dios.

Por lo cual, el pensamiento filosófico de Claudio Ptolomeo es el que más se ha logrado implantar en la mente del ser humano; es decir, la teoría de que un creador fue el que creó al Universo. Pero, como hemos dicho, esto supondría que el creador existía antes de existir el Universo; y el la nada no hay nada; así que, en la nada no puede existir alguien con la intención de crear un Universo, porque tendríamos que buscar, quien fue el que creó al creador que creó al Universo; y en esa búsqueda retrospectiva, llegaremos a la nada; y allí se disiparía por sí sola la filosofía del filósofo. El creador no se puede crear a sí mismo; y, aunque el creador sea una energía, la energía se crea por el movimiento, y allí no había nadie para mover al creador que creó al creador que creó al Universo.

El filósofo, político, abogado y escritor inglés Francis Bacon es considerado el promotor para marcar la diferencia entre lo filosófico y lo científico; ya que, fue Francis Bacon el primero que propuso el ensayo experimental para corroborar un hecho científico.

FIGURA 5

**EL PENSADOR INGLÉS FRANCIS BACON, FUE EL PRIMERO EN
PROPONER LA CIENCIA EXPERIMENTAL PARA PODER COMPROBAR
UNA TEORÍA**

Francis Bacon proponía que, mediante un razonamiento científico, era posible eliminar la noción preconcebida del mundo. Es decir que, Francis Bacon analizaba, que era posible estudiar al ser humano mediante los experimentos. Francis Bacon decía, que se podía estudiar al ser humano por medio de una teoría y una ciencia experimental mediante una serie de observaciones. Pero, estas observaciones se deben comprobar mediante un experimento. Aseguraba Francis Bacon que, los científicos deben ser ante todo desconfiados, y no deberían aceptar aquellas explicaciones que no se pudieran comprobar mediante la observación y un experimento; es decir, como si fueran hechos explicados solamente de una manera filosófica.

Fue Francis Bacon quien aportó el concepto de la lógica, con la finalidad de aplicar y comprobar el razonamiento mediante una prueba experimental. Ya que, desde la antigüedad, se practicaba la noción del origen del Universo mediante los números; es decir, llegando a una conclusión a partir de unos datos que no tenían un sustento; lo cual, no se puede corroborar solamente con una suposición sin una prueba experimental.

El método experimental que Francis Bacon proponía representó un avance para el método científico, por ser este método, una razón fundamental para la complementación de una hipótesis científica. Sin embargo, a pesar de la lógica, algunos estudiosos del pensamiento filosófico objetaban la ciencia experimental de Francis Bacon.

De tal manera, que Francis Bacon, dirigió una lucha de ideas para objetar la filosofía sin argumentos científicos del pensamiento filosófico de Aristóteles; ya que, la filosofía de Aristóteles limita el progreso de la ciencia aplicada. Es decir que la filosofía, no nos permite hacer proyecciones en el tiempo. Tal como lo analizó posteriormente el astrónomo, físico y matemático francés Pierre-Simon de Laplace.

FIGURA 6

PIERRE-SIMON LAPLACE DIJO: LA FILOSOFÍA NO NOS PERMITE HACER PROYECCIONES EN EL TIEMPO

Para Francis Bacon, si hubiésemos seguido por las ideas de Aristóteles; estas ideas filosóficas, nos hubiesen conducido por el camino de las contradicciones y de la paralización del conocimiento; lo cual, es lo que le da el impulso al pensamiento del ser humano.

Francis Bacon criticaba el método filosófico de Aristóteles debido a su incompetencia práctica; ya que, la filosofía de Aristóteles era solamente un argumento simbólico; el cual, era útil sólo para los discursos elegantes, la coloratura de los debates y las discusiones sin argumentos; pero, no era con la finalidad de un provecho o de producir obras que sirvieran para el mejoramiento del pensamiento de la raza humana.

Francis Bacon se refiere a la filosofía de Aristóteles, como aquella que deja sin ninguna base a la investigación científica, porque estas ideas de Aristóteles solamente giran en torno a un acto mitológico. Es decir, que las ideas puramente filosóficas no tienen una razón que le dé un soporte sólido al conocimiento del ser humano.

De tal manera que, se necesita de la ciencia experimental, con el fin de comprobar el origen y la naturaleza de lo que se piensa mediante el razonamiento. La propuesta de Francis Bacon se basa en comprobar una idea filosófica mediante un experimento, y será con la finalidad de dominar la fuerza de la naturaleza mediante la razón que se origina en el pensamiento del ser humano.

Pero, apareció Galileo Galilei con un equipo científico, y con este instrumento, Galileo Galilei pudo derrocar toda clase de pensamiento filosófico mediante un experimento con un pequeño catalejo. Mediante su telescopio, Galileo Galilei pudo ver la gran inmensidad del Universo. Sin embargo, el papa de aquella época no quiso observar el Universo a través del catalejo de Galileo Galilei; quizás, para no contradecir la creencia filosófica de la creación; o tal vez, que no quiso ver a su verdadero creador por medio del telescopio de Galileo Galilei.

Según la filosofía de Claudio Ptolomeo, la Tierra era el centro del Universo. Así que, para la iglesia católica todo estaba claro en cuanto a la creación de la Tierra, o según la apreciación del pensamiento filosófico de Claudio Ptolomeo.

Aristóteles con su argumento filosófico, pensó que el creador del Universo utilizó los números para realizar su obra; pero, es algo que no cabe en la lógica; o digamos, que no cabía en la lógica de Francis Bacon.

Sería el pensador Euclides quien utilizaría un compás y una regla para formar figuras geométricas y comprobar las ideas de los números de Aristóteles. Sin embargo, esta idea de Euclides tampoco convencía a los que pensaban como Francis Bacon. Pero, fue lo que permitió el nacimiento de una anti-religión diferente a lo que pregonaba la religión católica. Luego, esta filosofía se convertiría en la doctrina de la creación del Universo por un proyectista; ya que, el creador del Universo no utilizó solamente los números de Aristóteles; sino que, para crear el Universo, el creador utilizó un compás y una escuadra; lo cual, produjo una contradicción del lado religioso en cuanto al creador del Universo.

Por otro lado, la iglesia católica se basaría en la ley de la inquisición para condenar a Galileo Galilei junto con sus pensamientos escritos en un libro, con el fin de borrarlos mediante la calcinación en una hoguera. Sin embargo, la iglesia católica se olvidó de calcinar el catalejo de Galileo Galilei; ya que, luego, aparecieron los telescopios del astrónomo alemán Willians Herschel, el del astrónomo estadounidense Edwin Hubble y el último en enero de 2022 que lleva el nombre de James Webb, en honor al estadounidense James Edwin Webb.

Lamentablemente para el papa, como se muestra en la Figura 4, la energía se produce por el movimiento; y la partícula que creó al Universo se comenzó a mover por si sola y generó la energía por el movimiento. El Universo no va a parar de moverse; es decir, que el Universo no fue creado; sino que, el Universo está en pleno proceso de creación. El Universo tampoco va a terminar de crearse mientras que exista el movimiento. Pero, el movimiento del Universo no va a terminar, aunque su punto de reposo esté más allá del más infinito

Albert Einstein cometió un error, tanto desde el punto de vista filosófico como científico, al plantear la teoría de la relatividad. O digamos, que fue la familia Einstein para incluir en este grupo a Mileva Marić; ya que, la familia Einstein, supuso que la masa magnética es igual a la materia electrónica; y que la materia electrónica inicial del Universo era imaginaria; ya que, ellos se basaron en una función matemática de Johann Carl Friedrich Gauss y en una geometría euclidiana.

A menos que Albert Einstein se haya copiado la teoría de la relatividad matemática de su esposa Mileva Marić; y que Mileva Marić haya sido víctima del efecto Matilda, porque para ese tiempo no se reconocían los logros de las mujeres científicas. Por lo cual, el mérito por el trabajo científico se lo llevó el esposo de Mileva Marić; ya que, en esa época las mujeres no tenían acceso a estudiar junto con los barones.

El efecto Matilda, fue descrito por la feminista Matilda Joslyn Gage en la obra: «La mujer como Inventora». El término efecto Matilda está relacionado con el efecto Mateo, donde la reputación de un científico reconocido es más importante que la de un científico sin renombre. Muchas veces un científico desconocido busca el apoyo de un científico reconocido para publicar su obra. Una obra del científico desconocido, pero que puede ser la obra más importante para cambiar la forma de pensar del ser humano.

Todavía hoy en día existe esta clasificación llamada estatus social; por ejemplo, donde un médico sin notoriedad puede tener más popularidad que un científico con renombre. O el impacto de una obra científica sobre un lector, va a ser diferente, si la autora de la obra es una mujer o si el autor es un hombre científico. El carácter preponderante de un ser masculino viene de la energía positiva de un almatrino que formó un núcleo magnético positivo.

El Sol, es un núcleo electrónico que crece continuamente, porque la carga positiva se acumula en el núcleo electrónico; mientras que los planetas son en realidad la carga electrónica negativa, cuyo número de cargas negativas, iguala la carga positiva del Sol. De tal manera que, la carga electrónica positiva del planeta Sol, debe ser equivalente a la carga negativa de sus satélites. Por ejemplo, la carga negativa fluye desde el satélite Tierra hacia el núcleo del planeta Sol.

Los electrones negativos pueden separarse del núcleo positivo; por lo cual, los electrones pueden viajar en forma de radiaciones electromagnéticas, generando la separación de los fotones, y con ello, el efecto brillante de la luz. Es mediante la radiación en el rango visible que podemos ver los planetas y los objetos en los planetas. Este fenómeno de separación de los fotones fue lo que originó la luz. Al comienzo no había luz; el Universo naciente estaba oscuro, porque no existían los planetas; por lo que, el Universo pasó por un período de oscuridad absoluta.

El conocimiento es como la luz que ilumina la mente; por lo cual, el ser humano tendrá que pasar por su período de oscuridad mental. La llegada del conocimiento que se quiere divulgar para las mentes que piensen de una forma analítica, va a depender del tiempo de la obra; y esto sucederá, hasta que la nueva sociedad logre dominar las ideas científicas; ya que, es más fácil implantar un mito filosófico que un razonamiento científico.

Pero, en este momento en la historia del ser humano, a través de amazon.com y las redes sociales, la llegada de este conocimiento se puede decir que es de una manera inmediata; pero, además, que la información divulgada llegará a millones de personas. Si el conocimiento tiene una razón que logre impactar el conocimiento, la razón del conocimiento se quedará formando parte de la evolución del ser humano; ya que, la razón siempre estará por encima del conocimiento.

Sin embargo, volviendo atrás para buscar la razón mediante un instrumento científico; en este caso, puede haber otro conflicto que solamente es por el desconocimiento, pero no por la razón. Por ejemplo, un telescopio siempre apuntará hacia el caos del Universo; porque será imposible ver desde la Tierra el centro del Universo. Así que, por muy nítidas que sean las fotografías que envíe el telescopio James Webb, con estas fotos no se podrá deducir cómo se formó el caos del Universo a partir de un orden. Por lo cual, lo más lógico, es comenzar a analizar cómo se formó el Universo a partir de un orden que está en el centro del centro, es decir, en el mero centro del Universo.

Un orden que solamente podía existir al principio; considerando que, el Universo se comenzó a formar a partir del movimiento de un almatrino; y el orden del Universo todavía existe, pero lo que podemos ver es una pequeña área respecto al gran tamaño del Universo; es esta área, que podemos observar con un telescopio; pero esta pequeña zona, se nos parece a un caos.

Para los científicos que analizan, el Universo es un desorden que no tendrá un punto final; ya que, lo que pudiéramos llamar frontera del vacío, este borde crece o se retira hacia la nada en el infinito.

Sin embargo, la ecuación $Ev=m_0C^3$, es la que nos explica de manera más lógica y evidente, cómo fue que se comenzó a formar el Universo a partir de un orden, únicamente por el movimiento de una cantidad mínima de energía.

Stephen Hawking se dio cuenta de que, con la ciencia experimental de Francis Bacon, la explicación que nos daba la filosofía estaba gravemente enferma. Digamos así, para no tener que decir que el pensamiento filosófico está muerto; ya que, aparentemente, la inquisición que pretendió borrar la razón del pensamiento lógico de Galileo Galilei, aunque no tiene una hoguera para eliminar la memoria del ser humano pensante, todavía la llama de esa hoguera sigue viva en aquellos que se niegan a aceptar la razón del conocimiento. No quieren ver las fotografías nítidas que nos está mandando el telescopio James Webb para no contradecir una doctrina; o van adaptando la doctrina, colocando en un orden convenientemente las fotografía que envía el telescopio James Webb. Por lo cual dicen los religiosos: ¡he aquí la grandeza de Dios!

Pero, la trayectoria del Universo y el espíritu no se podrán modificar o extinguirse, porque son eternos. Solamente, lo que cambian son los eventos de la materia electrónica, porque estos cambios no se repetirán; ya que, el Universo marcha hacia adelante, y lo que cambia es la combinación de la materia electrónica.

Necesitamos saber cómo es este proceso del nacimiento del Universo y la existencia del espíritu de todos los seres vivos, con la finalidad de poder vivir en armonía en este punto del inmenso Universo; ya que, a cada instante que transcurre, el Universo se nos hace más grande. No todos los seres humanos están conscientes de su existencia y de la existencia del Universo; pero, fue por la energía que emana del Universo que nació todo lo que en el Universo existe.

Sin embargo, el Universo se está formando por una actividad electrónica; por lo cual, el Universo tampoco está consciente de su existencia. La parte consciente del Universo es la masa magnética de los espíritus; los cuales, se formaron a partir de la integración de la energía magnética que emana por el movimiento de la energía electrónica que crea el movimiento del Universo.

Es decir que, si el Universo estuviera estático, en el Universo no se generaría ninguna clase de energía. Por lo cual, podemos decir que, el Universo evoluciona generando las energías electrónica y magnética sin que esté consciente de su existencia. El Universo crece de una manera exponencial y progresiva, porque el Universo está implosionando dentro de un vacío absoluto; pero, este vacío no tiene frontera. De tal manera que en el vacío dentro del cual está implosionando el Universo, no existen fuerzas que se opongan al crecimiento acelerado del Universo.

La frontera del vacío es infinita; porque en el vacío no existe nada que pueda detener el crecimiento del Universo. El Universo no podrá terminar de llenar con energía el vacío dentro del cual está implosionando, porque a medida que el Universo se mueve, se produce más energía, y el borde externo del Universo, se expande o se retira de manera continua hacia un valor donde no existe nada. En la nada no está ni siquiera el infinito.

De tal manera que, todos los espíritus deben aprender a cómo convivir en el gran Universo. Pero, el ser humano piensa que él es el único ser que existe en el Universo; por lo cual, el ser humano busca de manera inútil un sitio igual a la Tierra para vivir el solo. O busca un planeta parecido a la Tierra, para que este planeta, le pueda dar continuidad a la existencia de su cuerpo físico; ya que, todavía el ser humano no sabe que él en realidad es un espíritu que se incorporó a un cuerpo físico, cuando el cuerpo del ser humano era un bebé en el vientre materno.

Pero, buscar un planeta igual a la Tierra será una búsqueda imposible; ya que, solamente es eterna la parte espiritual del ser humano. Así que, no tiene sentido viajar de forma física para encontrar un sitio parecido a la Tierra, porque la materia orgánica cambiante solamente existe en la Tierra. La forma espiritual del ser humano es la única que puede viajar más rápido que la nave espacial más rápida que exista; sin embargo, para poder viajar a esa gran velocidad, el espíritu del ser humano tendrá que separarse de su cuerpo físico.

En la Tierra, el espíritu sólo se puede incorporar para cabalgar en un bebé. Cuando nazca el bebé, el espíritu que cabalga en el cuerpo del bebé, se tendrá que empezar a mover a la velocidad del cuerpo físico de un bebé. Esta cabalgata será progresiva a medida que el cuerpo físico crece, y finalizará con el envejecimiento del cuerpo físico. El cuerpo físico no se puede mover con la misma rapidez del espíritu, porque si el cuerpo físico viajara a la velocidad del espíritu, el cuerpo físico se convertiría en energía electrónica.

Un embrión se formó a partir de un diploide; y un diploide se formó a partir de dos haploides. Así que, en el Universo no vamos a poder encontrar un haploide con un telescopio, porque no es lógico ese razonamiento. Tendría que viajar en una nave espacial una pareja formada por un ser femenino y uno masculino de la misma especie; y que esta pareja tenga hijos, nietos y bisnietos en la nave, pero los haploides entre familias generan modificaciones genéticas.

Los haploides son seres vivos; pero los haploides no tienen espíritu; porque los haploides vienen de la mutación de un virus; y un virus es una transición entre la energía electrónica y la energía magnética. Si en otros sitios existieran los haploides, no los vamos a poder distinguir; es decir, no vamos a saber si son los haploides de un animal o los de un ser humano; ya que, los haploides son muy pequeños para poderlos ver con un telescopio; así que los haploides solamente los podremos ver con un microscopio.

Además, que, el espíritu de un ser humano necesita que se forme un cuerpo mediante la combinación de dos haploides para que se forme un diploide; y este diploide, continuará su proceso evolutivo de réplica hasta convertirse en un embrión y luego en un bebé, al cual se podrá integrar el espíritu para poder vivir en un cuerpo físico. Sin embargo, este proceso es igual para todos los seres de reproducción sexual.

De tal manera que, el ser humano anda en la búsqueda de un refugio solamente para su raza, pero se olvida de los demás seres que también existen en la Tierra.

En la mente del ser humano se debate quién fue primero, si la gallina o el huevo; pero, la lógica nos dice que primero ocurrió una mutación. Por ser una mutación, la primera ave que se formó no podía volar con una vejiga llena de agua; así que el ave mutó su forma física. Su reproducción es física mediante un huevo que lo fertiliza un ser macho. Tal vez que, un ave, se formó por la mutación de una manta raya que podía volar en el aire en vez del agua. Pero, existen los seres hermafroditas, tales como una salamandra que no necesita un salamandro para reproducirse, la salamandra pone el huevo por sí misma sin la necesidad de un salamandro.

El ave tenía que volar para poder anidar en los árboles fuera del alcance de los depredadores que comen huevos. De la misma manera, el ser humano no puede vivir solo en el Universo. En la Tierra, por ejemplo, se formó una simbiosis entre todas las especies vivas. Así que unos necesitan de los otros para poder existir.

O digamos que, en ese viaje, y el cual sería imposible realizarlo de forma física hacia otras galaxias, el ser humano tendría que cargar con todas las semillas y abonos para fertilizar el suelo que hará crecer a las gramíneas, para poder alimentar a su cuerpo físico con las semillas que produzcan las gramíneas; y con el agua suficiente para regar las gramíneas. Los animales beben agua y la orinan; la urea del orine de los animales y el amoníaco de los peces son los que fertilizan a las gramíneas para alimentarse y crecer; así que, será todo un sistema con el cual tendría que cargar el ser humano en su nave, para poder mudarse y sobrevivir en otro planeta.

Mientras tanto, destruiremos a la Tierra, a pesar de que, a la Tierra le ha costado millones de años en formar este ecosistema. Es un error del ser humano, porque el ser humano inconsciente no sabe que los espíritus no necesitan comer sustancias orgánicas para alimentarse. Para poder viajar como seres espirituales, no necesitamos construir una nave espacial.

De tal manera que, es necesario despertar el estado de conciencia de quienes no están conscientes de su existencia y de la existencia del Universo; con la finalidad, de poder conectar a todos los seres vivos como hermanos; bien sea, que estos estén formando un espíritu o que sean parte de un cuerpo físico.

En la Tierra, a lo largo de la historia, nos demuestra que existe el desconocimiento del espíritu respecto a la existencia de la materia del cuerpo; ya que, para la materia del cuerpo será imposible que esta esté consciente de la existencia del espíritu; por lo cual, el ser humano supone que está formado solamente por la materia que forma su cuerpo.

En este sentido, en la Tierra, al primero que podemos citar es al químico y biólogo francés Antoine-Laurent de Lavoisier; ya que, Antoine Lavoisier es considerado el creador de la química moderna; por lo cual, fue Antoine Lavoisier quien concluyó que:

«…la vida es una actividad química».

Es decir que, para Lavoisier la vida es solamente el cuerpo electrónico hecho por materia; la cual, solamente se reajusta o que reacciona de forma química. Antoine Lavoisier se hizo famoso porque él estudió la oxidación de los cuerpos; es decir la oxidación de la materia electrónica; pero, Lavoisier no se consideró a sí mismo como la energía eterna de su espíritu. Antoine Lavoisier igualmente estudió el fenómeno de la respiración animal; pero fue algo que concluyó el Dr. Ferdinand Perutz con la molécula de hemoglobina. Sin embargo, el Dr. Max Perutz tampoco estaba consciente de la energía de él como espíritu.

Lavoisier estudió e hizo un análisis del aire, la ley de conservación de la masa, la teoría calórica, la combustión y la fotosíntesis. Es decir que, Lavoisier estudió todo lo relacionado con la materia electrónica; pero, sin considerarse a sí mismo como la energía que actuaba para dinamizar su cuerpo físico. Así que, Antoine Lavoisier sería el primero que instauró el conocimiento de la materia; lo cual, nos condujo a estudiar los cambios que le suceden a la materia mediante la química; es decir, a través de la ciencia que estudia los cambios y la combinación de la materia electrónica. Pero, esta es una teoría que debemos probar, según lo dicho por Francis Bacon, sin tomar a la ligera el resultado de una suposición del pensamiento filosófico.

Igual les sucedería a otros científicos; tales como, Albert Einstein, Emil Fischer, Max Planck, Paul Dirac o Stephen

Hawking; ya que, si ellos hubiesen tenido la oportunidad de haber despertado a tiempo el estado de su conciencia o mientras estaban viviendo en un cuerpo físico, de que la vida es una dualidad entre la energía del espíritu y la materia del cuerpo, la ciencia como la disciplina que nos da el conocimiento experimental, nos hubiese conducido por el camino más correcto del razonamiento.

Decía Stephen Hawking cuando le diagnosticaron la esclerosis múltiple y los médicos le dijeron que solamente le quedaba unos pocos años de vida:

«...soñé que me iban a ejecutar; pero de pronto me di cuenta de que había muchas cosas por hacer, pero las haría, si me dieran una prórroga».

3

MOVIMIENTO DE UN ALMATRINO

Una partícula energética estará siempre en movimiento; por lo cual, no existen partículas energéticas que no estén en movimiento. El Universo es un sistema energético; por consiguiente, el Universo siempre estará en un movimiento constante. Antes de existir el Universo no había nada; es decir, que antes de que se formara el Universo no había una partícula sin movimiento. Definida como la nada, la nada no pudo haber existido antes de que se formara el Universo; porque el Universo se comenzó a formar en el mismo instante cuando la partícula más pequeña que nos podamos imaginar comenzó a moverse. Tal vez, que un instante, tampoco lo podremos definir de la misma forma que definimos el tiempo en el mundo físico; ya que, en ese momento inicial no existía el espacio para poder marcar lo que sucedió entre dos puntos.

Por lo cual, hemos tenido que definir la partícula más mínima sin dimensiones, sin carga electrónica; es decir, sin carga positiva ni negativa; sin masa magnética y sin materia electrónica; ya que, en ese primer instante no existían las dimensiones, porque en ese instante inicial la partícula no estaba en movimiento.

Una partícula con estas características, es decir, sin carga electrónica y sin ninguna clase de masa magnética ni de materia electrónica, es lo que hemos tenido que definir para ese instante inicial como un almatrino.

En un instante, o después del punto inicial del Universo, el almatrino estaba en movimiento; y se comenzó a crear la energía del Universo que se generaba por el movimiento del almatrino. La cantidad mínima de energía que generó y generará la gran energía del Universo, la produjo el movimiento más mínimo del almatrino de dos maneras: 1) la carga electrónica positiva; la cual, al integrarse, formó la materia electrónica positiva de los núcleos electrónicos; y, la carga electrónica negativa; que, cuando esta energía se integra forma la materia electrónica negativa de los electrones. 2) la carga magnética positiva; la cual, se une y forma la masa inteligente de un espíritu masculino; y la carga magnética negativa; que, al integrarse, forma la masa negativa de un ser femenino.

Un almatrino representa la partícula más pequeña que pueda existir; pero, al principio, un almatrino no tenía carga electrónica, materia electrónica ni masa magnética, porque en ese primer instante no existía el movimiento ni las dimensiones físicas. Por lo cual, resulta difícil de imaginar, que alguien tuvo que mover un almatrino para que se creara la energía por el movimiento. Por ser solamente energía, un almatrino es la partícula más pequeña que podamos concebir mediante la mente analítica; así que, lo más lógico, es que el almatrino comenzó a moverse por sí solo.

FIGURA 7

WOLFGANG ERNST PAULI DESCUBRIÓ EL NEUTRINO

Tal vez que, desconcertado porque no encontraba la solución para un balance energético, sucedió que, en 1930, el físico austriaco Wolfgang Ernst Pauli propuso que debiera existir una partícula para poder compensar el balance energético; ya que, solamente era la energía lo que faltaba en la ecuación de la desintegración radiactiva beta. Por lo que, dicha partícula no podía tener carga electrónica ni masa; ya que, lo que faltaba en el balance energético era solamente la energía. Así que, esta partícula tendría que ser neutra.

Decía Wolfgang Pauli:

«…he hecho algo terrible; ya que, he postulado una partícula que no se va a poder detectar».

Por lo cual, Wolfgang Pauli llamó a esa partícula imaginaria que no tenía carga ni masa, neutrón.

Para esa época, la idea de una partícula sin carga electrónica ni masa no podía caber en la lógica de Pauli, porque en esos tiempos resultaba difícil imaginarse una partícula con esas características. Sin embargo, debido a que una partícula llamada neutrón ya existía, el físico Enrico Fermi le propone a Wolfgang Pauli que a esa partícula la llamara neutrino, que quiere decir pequeño neutrón.

Hasta que, el físico chino Wang Ganchang, propuso la idea de detectar la partícula propuesta por Pauli a partir de las desintegraciones beta.

En 1956, los físicos experimentales Clyde Cowan y Frederick Reines, lograron desarrollar un experimento para descubrir dicha partícula. Lo cual sucedió en el reactor P de la planta de Savannah River donde, el 14 de junio de 1956, Reines y Cowan consiguieron captar a los neutrinos.

Clyde Cowan y Frederick Reines le enviaron un telegrama a Wolfgang Pauli donde le decían:

«...nos complace poder informarle, que hemos detectado definitivamente los neutrinos procedentes de fragmentos de fisión mediante la observación de la desintegración beta inversa de protones...».

Un neutrino, es la partícula más pequeña que ha podido detectar el ser humano mediante un experimento.

Así que, hemos tenido que definir el almatrino como una partícula elemental más pequeña que un neutrino. Cuando digo: 'hemos tenido...', me refiero a nosotros, porque lo estoy incluyendo a vosotros como el lector o la lectora de esta obra; ya que, el sólo hecho de dedicarse a leer este libro, implica un deseo por aprender y divulgar lo aprendido, con la finalidad de despertar el estado de la conciencia en el ser humano; y saber, que todos los seres vivos somos hermanos; ya que, todos nacimos y nacerán a partir de la energía que emanó, la que está emanando y la energía que emanará por el movimiento del Universo.

En cuanto al neutrino, se calcula, que por el área de la uña del dedo pulgar pasan 10^{11} neutrinos en cada segundo; pero, a pesar de esta enorme cantidad de neutrinos en la naturaleza, solamente se han podido detectar unos pocos neutrinos en sitios subterráneos como en el Super-Kamiokande. Este es, un observatorio de neutrinos localizado en Japón, y de manera comparativa, este laboratorio de observación de neutrinos tiene un tamaño equivalente a un edificio de 15 pisos.

El Kamiokande, fue diseñado para estudiar los neutrinos solares y atmosféricos, y el decaimiento de protones y neutrinos provenientes de supernovas en cualquier parte de nuestra galaxia. El detector de neutrinos está localizado a 1.000 m bajo tierra en la mina de Mozumi en la ciudad de Hida en Gifu, Japón. Este detector de neutrinos consiste en 50.000 toneladas de agua pura, rodeada por unos 11.000 tubos fotomultiplicadores que tiene una estructura cilíndrica de 40 metros de alto y 40 metros de ancho.

Un neutrino puede cruzar el globo de la Tierra sin poder ser detectado. Se calcula, que un neutrino puede recorrer a lo largo de una barra de acero de 100 años luz sin poder ser retenido.

Pero, si un neutrino es difícil de detectar con 11.000 tubos fotomultiplicadores, nos va a ser imposible lograr captar un almatrino. Los almatrinos no los veremos; pero, los almatrinos deben ser las partículas energéticas que más abundan en el espacio que no vemos. Los almatrinos llenarían el espacio oscuro del Universo.

Lo que se sabe hasta este momento, es que un neutrino tiene masa; aunque la cantidad de masa de un neutrino es muy pequeña.

Pero, al igual que lo hizo Wolfgang Pauli, hemos definido un almatrino que no tiene carga electrónica; y nada de masa magnética ni materia electrónica; ya que, un almatrino es solamente energía. La energía es una propiedad extensiva; es decir, que la energía aumenta a medida que se incrementa el movimiento. Un almatrino generó la energía cuando comenzó a moverse.

La energía electrónica que fluye por el movimiento de un almatrino se transformará en masa electrónica cuando el almatrino gire con gran velocidad. Pero, la velocidad de rotación de un almatrino es mayor que la velocidad de traslación de los fotones de la luz que forman las radiaciones en el rango visible, porque los electrones tienen masa.

La frontera que delimita la parte externa del Universo es igual a la frontera de la parte interna de la nada; y esta frontera que delimita la nada con el Universo, se movía a medida que el movimiento del almatrino iba creando el espacio. Ese evento, comenzó a suceder en el momento inicial; pero, todavía está sucediendo con una mayor intensidad; es decir, 13,8 billones de años después. La ecuación que describe esa velocidad de movimiento y la energía inicial es $Ev=m_0C^3$.

Tal vez que, la detección de un almatrino se pueda lograr de forma matemática mediante una extrapolación; ya que, no vamos a poder detectar directamente o mediante un experimento un almatrino, porque no existen detectores electrónicos que puedan captar un almatrino. No podremos diseñar un experimento para que los almatrinos nos dejen un rastro, y poder demostrar su existencia de forma física.

La rapidez de rotación es diferente a la rapidez de traslación. Por ejemplo, un almatrino, o cualquier partícula elemental, tiene que rotar; es decir, rodar sobre sí misma con una gran velocidad, para poder trasladarse por una órbita elíptica. Por lo cual, el número de giros tiene que ser mayor que la rapidez de rotación, para que la partícula elemental pueda trasladarse por una órbita elíptica. La órbita de traslación es elíptica; ya que es la única forma que las partículas que tengan la misma cantidad de energía no choquen entre ellas. De tal manera que, la rapidez de rotación siempre será más grande que la velocidad de traslación. Los astros están rotando con una rapidez mayor que la rapidez de traslación por órbitas elípticas.

Podemos calcular la cantidad de masa m_0 que se formó; es decir, cuál fue la cantidad de masa que se produjo inicialmente en el Universo. Para este cálculo, tendremos que partir de un tiempo mínimo, cuando ya tenemos dos puntos en el espacio mínimo; es decir, que tenemos una distancia mínima y un tiempo mínimo. El tiempo mínimo es el tiempo de Max Planck; es decir, $t_{Planck} = 5{,}391 \times 10^{-44}$ segundos, y la distancia mínima de Max Planck es: $d_{Planck} = 1{,}616 \times 10^{-35}$ metros.

El experimento comparativo lo tendríamos que realizar con un electrón; pero, el electrón es una nube electrónica, por lo cual el electrón no tiene una estructura para medir su diámetro exacto. Es por ello que el electrón se define como una partícula puntual con carga puntual, pero sin extensión espacial. Si se observa un solo electrón mediante una trampa de Penning; la cual, fue construida por el físico experimental holandés Frans Michel Penning, se puede calcular que el límite superior del radio del electrón es de 10^{-22} metros. Existe una constante física llamada radio clásico del electrón, de un valor mucho mayor que es 2,8179x10^{-15} metros. Sin embargo, el llamado radio clásico del electrón todavía no podemos decir que tiene la exactitud de la estructura fundamental de un electrón.

De tal manera que, tampoco podremos conocer el tiempo y la distancia por debajo de estos valores mínimos, con la finalidad de poder acercarnos más al punto inicial o el punto cero del Universo, donde estaría el vacío absoluto; ya que, este valor no tiene dimensiones; por lo cual, estas cantidades por debajo del valor mínimo tampoco tienen un sentido físico. Es decir que, si queremos considerar cantidades más pequeñas que estos valores mínimos, no lo podremos hacer; ya que, por debajo de estas dimensiones de Max Planck, el espacio no existe; así que no tiene sentido físico, porque en ese punto inicial, no existen las dimensiones físicas.

Para unas cantidades iguales o por encima de estos valores mínimos de Max Planck, podemos calcular la rapidez de giro y de traslación de un electrón, cuyo movimiento lo podremos representar mediante el movimiento de un fermión.

Es decir que, al inicio, para un electrón podemos tomar para hacer la comparación con un almatrino, la cantidad mínima de Max Planck y el radio clásico del electrón; es decir; 2,8179x10^{-15} metros. Haciendo los cálculos, nos dará, que el valor de rotación del electrón es de 1,641x10^{26} kilómetros por segundo; mientras que, para poder trasladarse por su primera órbita elíptica, la rapidez de traslación del electrón es 5,470x10^{20} kilómetros por segundo.

Pero, no vamos a poder construir una trampa de Penning para estudiar un almatrino. Así que, de manera comparativa, la velocidad de rotación de la energía de un almatrino sobre sí mismo para poder trasladarse por su órbita elíptica, es 300.000 veces mayor que la velocidad de traslación, lo cual tiene sentido por medio del razonamiento físico; ya que, el almatrino tenía que rotar sobre sí mismo con una alta velocidad, para poder trasladarse por su primera órbita elíptica.

Pero, esta órbita elíptica se hacía cada vez más grande, en la misma medida que se incrementaba el espacio que iba creando el movimiento del almatrino. Por lo cual, la rapidez de rotación no puede ser infinita. De tal manera que, esta rapidez de rotación tiene un límite; porque en ese límite de la rapidez de rotación de un almatrino, la energía electrónica de rotación se convertirá en materia electrónica.

La rapidez a la cual la energía electrónica se convierte en materia electrónica, la podremos calcular a partir de la ecuación: $v = m_0 C^3/E$; la cual, es la ecuación que nos explica, cómo se formó el Universo desde el punto más mínimo mediante el movimiento.

La relación entre la energía electrónica y la energía magnética es: $E = CB$, es decir, que también existe una rapidez mínima; en la cual, la energía magnética se convierte en masa magnética; es decir: $v = mC^2/E$. En este caso, m es la masa magnética. De allí es que surge el error de Albert Einstein y Mileva Marić.

Estas son velocidades de giro y de traslación que están por encima de la velocidad de traslación de la luz. Pero, una rapidez de la luz de 300.000 kilómetros por segundo fue lo que consideró Albert Einstein o tal vez que fue la serbia Mileva Marić, para formular la teoría de la relatividad. Tal vez que la teoría de relatividad la estudió Wolfgang Pauli antes que Albert Einstein.

Sin embargo, a pesar de la complejidad de la ciencia teórica y experimental, solamente sabemos que, al mundo físico podremos regresar de manera ocasional, siempre que podamos perder la memoria del ser espiritual anterior; ya que, la memoria física no tendría espacio para almacenar toda la historia de nuestras vidas pasadas. Pero, nacer recordando las vidas pasadas, no tendría sentido; ya que, el hecho de incorporarse a un bebé en el vientre materno con la finalidad de nacer en el mundo físico implica solamente una etapa más en nuestro largo proceso y progreso de nuestra evolución espiritual.

En cuanto al cuerpo físico, no podremos destruir la materia electrónica del cuerpo electrónico; ya que, solamente se podrá transformar la materia electrónica. Esta materia electrónica del cuerpo electrónico será solamente materia electrónica, cuando no tenga la energía de la masa del espíritu que le daba la forma de vida.

La masa del espíritu, será imposible desintegrarla. De tal manera, que la muerte de la materia electrónica del cuerpo físico y la muerte de la masa magnética del espíritu no existen. Solamente, es un proceso necesario de desconexión entre la materia electrónica del cuerpo y la masa magnética del espíritu. Al desconectarse, la masa magnética del espíritu seguirá su eterna trayectoria evolutiva; mientras que, la materia electrónica del cuerpo se quedará en la Tierra; pero, continuará transformándose en otras clases de materia electrónica.

Así que, en la Tierra, solamente se pueden asociar de manera temporal la energía magnética del espíritu con la materia electrónica del cuerpo; es decir, que se puede integrar la energía del espíritu a la materia evolutiva de un bebé para formar un ser vivo, pero sin fusionarse como una sola identidad.

A los 5 meses luego de la gestación, la materia electrónica evolutiva del futuro ser vivo, habrá llegado a un embrión; el cual surgió desde un diploide; y este diploide a su vez se formó desde dos haploides. Por lo cual, hasta llegar a un embrión, la materia electrónica del cuerpo del futuro ser, no disponía de la direccionalidad de la energía consciente de un espíritu. Hasta ese momento, la materia del cuerpo solamente cambiaba mediante factores de naturaleza química.

Aproximadamente a los 5 meses contados desde el momento de la gestación, o cuando el embrión logró llegar a las condiciones definidas para ser un bebé, en ese momento se incorporó la energía magnética del espíritu al cuerpo electrónico del bebé; y el bebé seguirá su proceso evolutivo. Así que, el espíritu unido al bebé permanecerá en el vientre materno durante 4 meses, hasta que suceda el proceso del nacimiento.

En ese período de 4 meses, el bebé conoce sus cualidades; ya que, estas cualidades vienen con el ser espiritual formando parte de la memoria magnética en el proceso evolutivo espiritual de cada ser. El bebé antes de nacer ya sabe que nacerá con un propósito, pero no lo recordará de manera física, ya que, el bebé no tiene formado el hipocampo para almacenar los nuevos recuerdos que le correspondan a esta nueva etapa de la vida en su largo proceso evolutivo.

El hipocampo se le formará en el cerebro del bebé en la etapa de su niñez. Esta etapa de la niñez termina a los 7 años; y, a partir de ese tiempo, el niño no podrá recordar su estadía en el vientre o de qué manera sucedió su nacimiento. A menos que su niñez quede impactada por un acontecimiento que sea inolvidable.

El feto no trae incorporado el hipocampo; ya que, los haploides no tienen memoria, pero tampoco existen espíritus haploides. De tal manera que, la memoria física, es algo que le pertenece de manera inherente a la masa magnética del espíritu; por lo cual, el espíritu trae el conocimiento de sí mismo, conoce su misión, y las cualidades son propias de su ser como espíritu.

De tal manera que, la memoria del espíritu se podrá almacenar de forma física en el hipocampo del cerebro del niño, porque ahora el espíritu, vivirá dentro de un cuerpo físico, y en el hipocampo es donde el espíritu podrá almacenar los recuerdos de las experiencias en esta nueva oportunidad de una estadía de manera física.

Tal como dijimos, la memoria del espíritu es magnética; ya que, forma una parte inseparable del espíritu; por lo cual, el espíritu de un bebé puede manifestar sus habilidades o destrezas desde antes de nacer; ya que, el bebé trae incorporada su memoria magnética.

Luego que suceda la separación; es decir, cuando el espíritu se separe del cuerpo, el espíritu se podrá llevar sus recuerdos de manera energética; lo cual, incluirá en su memoria magnética la forma o la estampa de su cuerpo físico; es decir, que el espíritu va realizando una copia exacta del código genético de su cuerpo físico, porque la forma de su cuerpo físico forma una parte inseparable de la memoria magnética del espíritu. Por lo cual, podremos reconocer al espíritu después de que el espíritu se haya separado de su cuerpo físico.

Pero, este proceso será así para todos los diploides que vienen de los seres vivos; así que, habría que averiguar si la energía que mueve al cuerpo físico de una planta, una abeja, una araña o el cuerpo de una hormiga no es un espíritu, sino solamente una energía que hace que el cuerpo funcione mediante el movimiento. Tal vez, que no sea únicamente un instinto, ya que las abejas y las hormigas, por ejemplo, tienen un sistema de organización que físicamente es avanzado.

Mientras que, las plantas tienen que desplegar sus colores y sus aromas exquisitas para atraer a las abejas; ya que, las plantas no pueden trasladarse para tener relaciones sexuales; de tal forma, que las plantas necesitan de las abejas para que las abejas las polinicen.

Pudiéramos pensar que, los espíritus pueden ver todo el espectro electromagnético y una mezcla más variable de colores. Pero, nosotros desde el mundo físico, no podremos ver cómo es el mundo espectacular del mundo espiritual. Será por eso que, quienes recuerdan porque han regresado del mundo espiritual al mundo físico, dicen que el mundo espiritual es maravilloso.

En la Tierra, la vida física se formó mediante un equilibrio biológico; es decir, que el ser humano necesita de otros animales y de los árboles para la sombra; lo cual, es lo que le permite atenuar las radiaciones de la luz que emana desde las llamaradas de la corona solar. También necesita de las plantas para poder alimentarse y así poder existir en esta estación física, que representa la escala infinita de los niveles energéticos.

Las llamaradas del Sol se producen en la corona solar a miles de kilómetros de la superficie del Sol. Por ejemplo, en este momento, no sabemos lo que pueda estar sucediendo en la estratósfera de la Tierra, porque no la vemos. Las llamaradas de la corona solar las podemos observar desde la Tierra, pero no podremos ver desde la Tierra la superficie solar. Un ser espiritual puede vivir en la superficie del Sol. Los que no pueden vivir en el Sol, son los seres humanos, mientras estén en un cuerpo físico formado por materia electrónica. El cuerpo físico del ser humano se volatilizaría solamente al querer cruzar la corona solar. Pero, el espíritu de un ser humano puede vivir en la superficie del Sol.

Se dice que, los habitantes de la isla de Pascua arrasaron con todo lo que había en la isla. Cortaron los árboles, y ya no podían construir las canoas con la madera de los árboles para salir a pescar. Tal vez que allí, en la isla de Pascua se produjo un canibalismo. Por lo cual, todos perecieron cuando el último caníbal se comió al penúltimo caníbal; y se extinguió la civilización de los pascuense.

De la misma manera que les sucedió a los habitantes de la isla de Pascua, de seguir como van, los habitantes de la Tierra destruirán la Tierra y la vida en la Tierra; y los habitantes de la Tierra, se convertirán en los únicos pascuenses de este eterno Universo.

Los únicos que pueden divulgar esta información son ustedes como lectoras y lectores de esta obra; pero, será la única forma de que logremos cambiar la forma de pensar del ser humano. De tal manera, que, por el hecho de haber leído esta obra, también implica una responsabilidad. Así que, ya pueden preparar sus conferencias con sus propios discernimientos; pero, será con la finalidad de compartir esta información con los demás. Para que logremos cambiar la historia de la humanidad; y que el ser humano se dirija en este ir y venir, por un camino que cada día que transcurra sea cada vez mejor.

LA OBRA DEL AUTOR

Egresado de la Escuela de Química, Facultad de Ciencias de la Universidad Central de Venezuela, con el título de Licenciado en Tecnología Química. Estudios de post grado en Ciencia y Tecnología de los Alimentos. Trabajo especial sobre la química de los productos naturales y la química de las enfermedades. Diseñador de procesos químicos. Libros que usted puede ubicar en Amazon.com®. Estos libros tienen que estar sujetos a revisión cada vez que vayamos aclarando cómo fue que se formó el Universo; así que, trate de leer la última edición de cada libro. Estos libros son: «La Química del Cáncer». «La Química de la Diabetes». «El infarto». «El Alzheimer». «La Química de la Artritis». «La Química del Pensamiento». «La Química del Espíritu». «Cómo se formó el Universo». «Los Expensalistas». «Por qué no deberías Comer Carne». «El Micro Mundo». «¿Existe Dios Realmente?». «Objetando la Relatividad de Albert Einstein». «Adivinar el Futuro». «El Error de los Grandes Científicos». «Vida en el Sol». «El Universo antes del Tiempo Cero». «La Energía del Espíritu». «El Origen del Cáncer». «El Mundo de las Células». «La Química de las Enfermedades». «La Partícula que Creó al Universo». La Química del Cáncer, séptima edición. La Química de la Diabetes sexta edición; La Química del Infarto cuarta edición, «La Química de la Memoria»; La Química de la Artritis tercera edición. «El Poder Creador de la Mente». La Partícula que formó al Universo, tercera edición. «La Masa Inicial del Universo». «No Deberías Comer Carne». «El Origen del Cuerpo y el Espíritu». «Adorar al Universo». «Azúcar un Enemigo en la Cocina». «Viajar en el Tiempo». La Partícula que Creó al Universo Edición 4. La Química del Cáncer Edición 8. La Química de la Diabetes, Edición 7. La Química del Infarto Edición 5. La Memoria del Espíritu Edición 1, La Química de la Artritis Edición 5. «El Punto Inicial del Universo» La Partícula que Creó al Universo Edición

5 «La Evolución del Espíritu». «La vida del Espíritu». «Reescribir la Ciencia». «El Inicio del Universo». «Crecimiento Espiritual». «Acoplamiento del Espíritu con el Cuerpo». «El Origen de la Vida». «La Muerte no Existe». La Química del Cáncer, edición final. La Partícula que creó al Universo, edición final.

48